编委会

电力安全生产典型事故集

输电运检专业

李涛　主编

黄河出版传媒集团
阳光出版社

图书在版编目 (CIP) 数据

电力安全生产典型事故集. 输电运检专业 / 李涛主编. -- 银川 : 阳光出版社, 2024. 11. -- ISBN 978-7-5525-7602-3

Ⅰ. TM08

中国国家版本馆 CIP 数据核字第 2025L26C62 号

电力安全生产典型事故集　输电运检专业　　　　　李　涛　主编

责任编辑　赵　寅　申　佳
封面设计　姜喜荣
责任印制　岳建宁

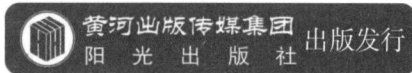

黄河出版传媒集团　出版发行
阳　光　出　版　社

出 版 人　薛文斌
地　　址　宁夏银川市北京东路 139 号出版大厦 (750001)
网　　址　http://ssp.yrpubm.com
网上书店　http://shop129132959.taobao.com
电子信箱　yangguangchubanshe@163.com
邮购电话　0951-5047283
经　　销　全国新华书店
印刷装订　三河市嵩川印刷有限公司
印刷委托书号　(宁)0031292

开　　本　880 mm×1240 mm　1/16
印　　张　1.75
字　　数　50 千字
版　　次　2024 年 11 月第 1 版
印　　次　2024 年 11 月第 1 次印刷
书　　号　ISBN 978-7-5525-7602-3
定　　价　48.00 元

目录

第一章　风险辨识与预控措施

一、运行巡视

1. 车辆应常备急救箱，夏天要采取防中暑措施。

2. 大风时，应始终沿线路外侧或上风侧行进。

3. 在偏僻山区巡线，应2人进行。汛期、暑天、雪天等恶劣天气巡线，必要时2人进行。

4. 单人巡线时，禁止攀登电杆和铁塔。

5. 检测时禁止攀登电杆与铁塔。

6. 巡视或检测过程中，不得涉河蹚溪，并防止跌入窨井沟坎。

7. 巡线时禁止泅渡。

8. 巡视人员或检测人员须穿绝缘鞋或绝缘靴。

9. 带电线路导线的垂直距离（导线弧度、交叉跨越距离），可使用测量仪或绝缘测量工具测量。禁止使用皮尺、普通绳索、线尺等非绝缘工具测量。

10. 应在天气良好的情况下进行测量，雷雨、大风等天气应停止测量。

11. 巡线或检测时，应注意观察前方路径和上方有无导线、电缆断落于地面或悬挂于空中，应设法让人远离断线点8 m以上，以免跨步电压伤人，并及时通知上级部门。

12. 直接接触设备的电气测量工作，至少2人进行，1人操作，1人监护。

13. 测量接地电阻时，将被测接地装置与避雷线或保护的电气设备断开。

14. 解开或恢复避雷器的接地引线时，须戴绝缘手套。

15. 禁止直接接触与地面断开的接地线。

人身风险

人身风险

16. 雨后不应立即测量接地电阻。

17. 夜间测量，须有足够的照明。

18. 测量时，使用的各类绝缘工器具在作业前应对其使用长度与作业间隙进行核对，绝缘工器具的有效长度须符合作业现场的需要。绝缘操作杆有效长度不小于 1.3 m。

19. 监护人不得直接操作，且监护范围不超过 1 个作业点。

20. 使用绝缘测距杆测量应在良好天气下进行，遇雷雨、大风天气或湿度大于 80%等应停止测量。

21. 操作绝缘工具时须戴清洁、干燥的绝缘手套，穿绝缘鞋或绝缘靴。

22. 在道路、桥梁上测量时，须设置警示标识，注意来往车辆。

人身风险

人身风险

23. 作业现场须保持与无关人员的安全距离，必要时设置安全警示区；受到无关人员干扰时，可终止巡检工作。

24. 巡检过程中，作业人员之间应保持联络畅通，确保每项操作均知会相关人员，禁止擅自违规操作。

25. 起飞和降落时，作业人员应与无人机始终保持足够的安全距离，避开起降航线。无人机桨叶转动时，严禁任何人靠近。

26. 作业人员须穿合格的绝缘鞋或绝缘靴、全套纯棉工作服，戴安全帽。

交通安全

1. 随行人员应时刻提醒驾驶员不得超速及疲劳驾驶。
2. 雨雪天气，车辆须有防水防滑措施。
3. 出车前须进行安全检查。
4. 出车要完成车辆出行审批。

动物伤害

1. 边走边打草，避免被蛇咬伤，带适量蛇药。
2. 去村庄等可能有狗的地方，备棍棒，以防被狗咬伤。

设备风险

1. 无人机应在数据链范围内开展巡检作业。
2. 无人机应设置失控保护、自动返航等必要的安全措施。
3. 在作业现场，无人机与电池应分开存放，并做好消防措施。
4. 巡检过程中，不得操纵无人机进行与巡检作业无关的活动。
5. 现场禁止使用可能对无人机造成干扰的电子设备。作业过程中，操控手和程控手严禁接打电话。
6. 在检查杆塔本体及金具时，应悬停检查，中型无人机单次悬停时间不宜超过 5 min，与线路设备净空距离不小于 30 m、水平距离不小于 25 m。
7. 小型无人机不能长时间在线路设备正上方悬停，应始终与带电设备保持不小于 5 m 的净空距离。

空域安全

1. 无人机严禁在变电站（所）、电厂上空穿越飞行。

2. 中型无人机不应在重要设施、建筑、公路和铁路等上方悬停或穿越。

3. 严禁无人机在机场等禁飞区飞行。

气体中毒

1. 工作负责人严格落实班前会，详细告知作业人员当日的作业范围、通道环境。遵守"先通风、再检测、后作业"原则，保证作业空间内的空气置换时间，机械通风时间不小于 30 min，通风并气体检测安全后，再进入通道内作业。在通道内作业时要保持持续通风。

2. 现场应配备并正确使用气体检测设备、呼吸防护用品以及其他个体防护用品，配备通风设备、照明设备、通信设备等应急救援设备。

1. 严禁使用绝缘破损的电源线，连接电动机械及电动工具的电气回路须单独设开关或插座，并装设剩余电流动作保护器（漏电保护器），金属外壳须接地，电动工具须做到"一机一闸一保护"。

2. 不直接接触通道内裸露线缆、电缆及附属设施的裸露部位，若必须接触，须佩戴绝缘手套。

3. 停电检修线路，在检修前，须进行验电、装设接地线，并保证接地线连接可靠。连续停电，夜间不送电线路，第二天工作前须指派专人检查接地线是否连接可靠，开工前须得到工作负责人许可。

4. 工作地段若有邻近（水平距离小于 50 m）、平行（水平距离小于 50 m）、交叉跨越及同杆架设线路，在需要接触或接近导线工作时，须使用个人保安线（截面积不小于 16 mm²）。

触电伤人

触电伤人

灭火弹误动作

物体打击

5. 若在有邻近带电的电力线路工作时，应注意与带电体保持相应的安全距离：35 kV 2.5 m、110 kV 3.0 m、220 kV 4.0 m、330 kV 5.0 m。

6. 在 220 kV 线路杆塔上作业时，须穿导电鞋。

在电缆隧道、电缆沟内的灭火弹附近作业时，须先检查灭火弹外观，注意人员动作，避免误碰灭火弹导致误触发。

在电缆隧道、电缆沟内作业时，须正确佩戴安全帽，作业时注意与附近墙体、支架等尖锐物体的距离，防止作业人员受伤。

二、线路检修

1. 上、下杆塔时必须手抓牢、脚踏稳。人员上、下杆塔要沿脚钉攀登，不得沿单根构件、绳索或拉线上爬或下滑，发现有脚钉短缺时，应在做好安全措施的情况下位移，手扶的构件须牢固，做好防滑措施。多人上、下同一杆塔时应逐个进行，且人员间隔不得小于 3 m。

2. 高空移位、作业时不得失去安全保护。

3. 使用软梯、挂梯作业或用梯头进行移动作业时，软梯、挂梯或梯头上只准 1 人工作。梯头挂接后，应将梯头的封口可靠封闭，或使用保护绳以防梯头脱钩。进行软梯攀登作业时，应使用带自闭锁功能的软梯头，作业人员在攀登前须设置好防高坠后备安全绳，并确保软梯头挂接后可靠闭锁。

4. 沿绝缘子串进、出导线时，后备保护绳应通过速差制控器系在横担主材上，个人安全带系在不影响移动的绝缘子串上并随身移动，严禁人员沿绝缘子串站立行走。

5. 在相分裂导线上工作时，安全带应挂在同一根子导线上，绝缘延长绳应挂在整组相导线上。

6. 上树砍剪树枝时，不应攀抓脆弱和枯死的树枝，并使用安全带。

7. 安全带不准系在待砍剪的树枝上及断口附近。

8. 不应攀登已经锯过或砍过的未断树木。

9. 使用绝缘脚手架作业时，安全带应系在牢固的构件上。

高空坠落

高空坠落

10. 作业时须正确使用安全带、双钩（围杆带），使用的后备保护绳超过 3 m 时，应使用缓冲器。安全带和后备保护绳须分别挂在杆塔不同部位的牢固构件上或专为挂安全带的钢丝绳上。同时，应防止安全带从杆顶脱出或被锋利物体损坏。安全绳不得采用低挂高用方式，后备保护绳不准对接使用。

11. 作业时须使用双控背带式安全带，地电位作业人员配备双钩安全绳。安全带和双钩安全绳须分别挂在杆塔等不同部位的牢固构件上，同时应防止安全带被锋利物体损坏，不得采用低挂高用方式。

高空
坠落

高空
落物

1. 高处作业须使用工具袋。较大的工具应使用绳子拴在牢固的构件上。工件、边角余料应放置在牢固的地方或用铁丝扣牢，并采取防止坠落的措施。不准随便乱放，以防止从高空掉落。

2. 作业点下方按坠落半径设置警示带（围栏），人口密集区或行人道口设置围栏，不得有人靠近、通过或逗留。

3. 上下传递物品须使用绳索，不得乱扔。绳扣要绑牢，传递人员应远离吊件垂直下方。

4. 塔上作业人员设置吊点时，须将滑车抓牢，以防掉落。

5. 接地线使用工具袋携带。安装完接地线后将工具袋携带下塔，不准随便绑扎在杆塔上，以防高空掉落。

6. 更换绝缘子前须设置二道保护，防止导线脱落。

7. 单串绝缘子更换前，须用绝缘绳套、卸扣做好二道保护。

1. 作业前，工作负责人、小组负责人、专责监护人、作业人员在作业现场须正确佩戴与待检修线路色标一致的色标牌，并相互检查确认。

2. 攀登杆塔前，作业人员及监护人（小组负责人）共同确认检修线路双重称号、杆塔号及色标标识，相互检查确认无误后方可攀登杆塔。

3. 在同杆塔架设多回线路的一回杆塔上作业时，攀登至杆塔横担处，须再次核对检修线路双重称号、色标标识，确认无误后方可进入工作线路侧横担。

4. 每组至少2人，1人监护，1人登塔。攀登杆塔前，作业人员及小组负责人（监护人）共同确认检修线路双重称号、色标标识，确认无误后方可攀登杆塔。

防鸟刺伤人

误登杆塔

1. 加装防鸟刺时，用约束环禁锢防鸟刺，防止防鸟刺伤人。

2. 在带电杆塔上进行补装防鸟设施作业时，作业人员与带电导线安全距离不得小于1.0 m（带电票）。

3. 在带电杆塔上进行补装防鸟设施作业时，作业人员与带电导线安全距离不得小于1.5 m（二种票）。

1. 涂料施工处严禁焊接、切割、吸烟或点火，同时避免金属摩擦引起爆炸或燃烧。若涂料起火，切勿用水灭火，须使用泡沫、二氧化碳型灭火器或干粉灭火器。

2. 尽可能地将动火时间和范围压缩到最小限度。

3. 动火作业应有专人监护。动火作业前须清除动火现场及周围的易燃物品，或采取其他有效的防火安全措施，配备足够适用的消防器材。

烧烫伤

火灾

物体打击

1. 作业时，禁止将焊接电缆或气焊、气割的橡皮软管缠绕在身上，以防燃爆。

2. 进行焊接作业时，须有防止爆炸和防止金属飞溅引起火灾的措施。在人员密集场所作业时，宜设挡光屏。

3. 作业人员在观察电弧时，须使用带有滤光镜的头罩或手持面罩，或佩戴安全镜、护目镜及其他合适的眼镜。辅助人员也须佩戴类似的眼保护装置。

1. 进入作业现场的人员均须正确佩戴安全帽。使用尖镐、大锤时前方不得有人。

2. 运输气瓶时，须绑扎牢固。气瓶押运人员应坐在司机驾驶室内，不得坐在车厢内。

1. 使用砂轮研磨时，须戴防护眼镜。用砂轮研磨工具时应使火星向下。禁止用砂轮的侧面研磨。

2. 特种设备须由具有专业资质的检测检验机构检测检验，取得安全使用证或安全标志后方可使用。特种设备操作人员须具备相应资质，同时纳入工作班组成员统一管理。

3. 作业人员须正确使用施工机具、安全工器具，严禁使用损坏、变形、有故障或未经检验合格的施工机具、安全工器具。

4. 进行焊接作业时，操作人员须穿戴专用工作服、绝缘鞋、防护手套等符合专业防护要求的劳动保护用品。服装不得敞领卷袖。

5. 使用油锯和电锯作业，须由熟悉机械性能和操作方法的人员操作。使用前，须检查所能锯到的范围内无铁钉等金属物品，以防金属物品飞出伤人。

6. 手锯的手柄须安装牢固，没有手柄的不准使用。

7. 无人机起飞前，所有人员须注意远离无人机，避免被桨叶划伤。

8. 地面配合人员须时刻注意无人机状态，远离无人机垂直下方。

9. 操作无人机时，应注意无人机与导线的距离，避免电磁干扰导致无人机失控、撞线、坠落。

机械伤害

机械伤害

绝缘子爆裂伤人

人员触电

同一串瓷质绝缘子的良好绝缘子片数应不少于 110 kV 5 片，否则立即停止作业。

1. 在带电杆塔上进行测量、防腐、巡视检查、紧杆塔螺栓、清除杆塔上异物等工作，作业人员活动范围及其所携带的工具、材料等，应注意与带电导线保持相应的安全距离：110 kV 不小于 1.5 m。

2. 若在有邻近带电的电力线路工作时，应注意与带电体保持相应的安全距离：35 kV 不小于 2.5 m、110 kV 不小于 3.0 m、220 kV 不小于 4.0 m、330 kV 不小于 5.0 m。

3. 绝缘架空地线应视为带电体。作业人员与绝缘架空地线之间的距离不得小于 0.4 m。在绝缘架空地线上作业时，须用接地线或个人保安线可靠接地或采用等电位方式进行。

4. 在带电杆塔上进行安装附属设施作业时，作业人员与带电导线的安全距离不得小于 1.5 m。

5. 在带电杆塔上进行补装弹簧销、开口销作业时，作业人员与带电导线的安全距离不得小于 1.0 m。

6. 在带电杆塔上进行线路拆除鸟巢、拆除杆塔异物作业时，作业人员与带电导线的安全距离不得小于 1.5 m。

7. 在 330 kV 及以上交流线路杆塔上检修作业，须穿全套防静电感应服。在 220 kV 线路杆塔上作业，须穿导电鞋。

8. 停电检修线路在进行检修前，须验电、装设接地线，并保证接地线连接可靠。连续停电，夜间不送电线路在第二天工作前，应指派专人检查接地线是否连接可靠，开工前须得到工作负责人许可。

9. 工作地段若有邻近（水平距离 50 m 范围内）、平行（水平距离 50 m 范围内）、交叉跨越及同杆架设线路，在需要接触或接近导线工作时，须使用个人保安线（截面积不小于 16 mm²）。

10. 在 220 kV 电压等级的线路杆塔上作业，须采取防静电感应措施，例如穿戴相应电压等级的全套屏蔽服（包括帽、上衣、裤子、手套、鞋等）或静电感应防护服和导电鞋等。

人员触电

人员触电

11. 不准直接接触接地体。

12. 电焊机的外壳须可靠接地或接零。接地时，其接地电阻不得大于 4 Ω。不得多台串联接地。

13. 电焊机各电路对机壳的热态绝缘电阻不得低于 0.4 MΩ。

14. 电焊机须有单独的电源控制装置。

15. 电焊设备应经常维修、保养。使用前须进行检查，确认无异常后方可合闸。

16. 电焊机倒换接头、转移作业地点或发生故障时，须切断电源。

17. 应在现场实测相对湿度不大于 80% 的良好天气时进行带电作业。风力大于 5 级（10 m/s）时不宜进行带电作业。

人员触电

人员触电

18. 进行地电位带电作业时，人身与带电体的安全距离不得小于相应的安全距离。110 kV 不小于 1.0 m。

19. 使用专用绝缘检测仪对绝缘工具进行分段绝缘检测，阻值应不低于 700 MΩ。使用绝缘工具时应戴清洁、干燥的手套。

20. 使用绝缘操作杆时，应保证有效绝缘长度，110 kV 不小于 1.3 m。

21. 验电时戴绝缘手套握持验电器，人手抓在绝缘环下方，人体与导线保持安全距离：110 kV 1.5 m。

22. 装接地线导体端须使用绝缘棒或专用的绝缘绳。人体不准触接地线和未接地的导线。

人员触电

人员触电

23. 作业时，须采取穿着均压屏蔽服、导电鞋等防静电感应措施。屏蔽服任意两端点之间的电阻值均不得大于 20 Ω。

24. 所用工器具须检验合格，每天进行烘烤。

25. 瓷质绝缘子检测前应仔细检查检测器，确保操作灵活、测量准确。操作时须戴清洁、干燥的手套，并防止绝缘工具在使用中脏污或受潮。

26. 绝缘操作杆的有效绝缘长度不得小于 110 kV 1.3 m。地电位作业人员人身与带电体的安全距离不得小于 110 kV 1.0 m。等电位作业人员与相邻导线的安全距离不得小于 110 kV 1.4 m，与接地体的安全距离不得小于 110 kV 1.0 m，最小组合间隙不得小于 110 kV 1.2 m。

27. 软梯头须传递至地面并完全接触地面，作业人员方可接触。

第二章　典型违章

现场违章 1：作业点未在接地保护范围内，严重违章。

违反条例

《国家电网公司关于印发生产现场作业"十不干"的通知》（国家电网安质〔2018〕21 号）"十不干"第五条：未在接地保护范围内的不干。

《国家电网公司电力安全工作规程（线路部分）》（Q/GDW 1799.2−2013）第 6.4.1 条：线路经验明确无电压后，应立即装设接地线并三相短路（直流线路两极接地线分别直接接地）。

各工作班工作地段各端和有可能送电到停电线路工作地段的分支线（包括用户）都应验电、装设工作接地线。直流接地极线路，作业点两端应装设接地线。配合停电的线路可以只在工作地点附近装设一处工作接地线。装、拆接地线应在监护下进行。

工作接地线应全部列入工作票，工作负责人应确认所有工作接地线均已挂设完成，方可宣布开工。

现场违章 2：杆塔上有人时调整或拆除拉线，严重违章。

违反条例

《国家电网公司电力安全工作规程（线路部分）》（Q/GDW 1799.2-2013）第 9.3.15 条：检修杆塔不准随意拆除受力构件，如需要拆除时，应事先做好补强措施。调整杆塔倾斜、弯曲、拉线受力不均或迈步、转向时，应根据需要设置临时拉线及其调节范围，并应有专人统一指挥。杆塔上有人时，不准调整或拆除拉线。

现场违章 3：高处作业、攀登或转移作业位置时失去保护，严重违章。

违反条例

《国家电网公司关于印发生产现场作业"十不干"的通知》（国家电网安质〔2018〕21号）"十不干"第八条：高处作业防坠落措施不完善的不干。

《国家电网公司电力安全工作规程（线路部分）》（Q/GDW 1799.2-2013）第10.3条：高处作业均应先搭设脚手架、使用高空作业车、升降平台或采取其他防止坠落的措施，方可进行。

第10.10条：高处作业人员在作业过程中，应随时检查安全带是否拴牢。高处作业人员在转移作业位置时不准失去安全保护。钢管杆塔、30 m以上杆塔和220 kV及以上线路杆塔宜设置作业人员上下杆塔和杆塔上水平移动的防坠安全保护装置。

现场违章 4：在有限空间作业未执行"先通风、反条例再检测、后作业"要求；未正确设置监护人；未配置或不正确使用安全防护装备、应急救援装备，严重违章。

违反条例

《国家电网公司关于印发生产现场作业"十不干"的通知》（国家电网安质〔2018〕21号）"十不干"第九条：有限空间内气体含量未经检测或检测不合格的不干。

《国家电网公司电力安全工作规程（线路部分）》（Q/GDW 1799.2-2013）第15.2.1.4条：在下水道、煤气管线、潮湿地、垃圾堆或有腐质物等附近挖沟（槽）时，应设监护人。

第15.2.1.12条：电缆隧道应有充足的照明，并有防火、防水、通风措施。在电缆井内工作时，禁止只打开一只井盖（单眼井除外）。进入电缆井、电缆隧道前，应先用吹风机排除浊气，再用气体检测仪检查井内或隧道内易燃易爆及有毒气体的含量是否超标，并做好记录。电缆沟的盖板开启后，应自然通风一段时间，测试合格后方可下井工作。在电缆井、隧道内工作时，通风设备应保持常开。

在通风条件不佳的电缆隧（沟）道内进行长时间巡视或维护时，作业人员应携带便携式有害气体测试仪。通风不良时，还应携带正压式空气呼吸器。

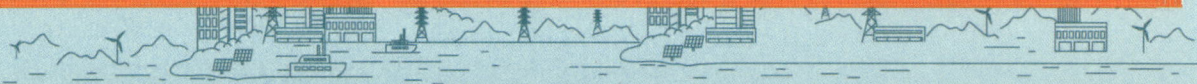

现场违章 5：使用达到报废标准的或超出检验期的安全工器具，严重违章。

只超出一个月，没问题的！

一个月前过期

违反条例

《国家电网公司关于印发生产现场作业"十不干"的通知》（国家电网安质〔2018〕21号）"十不干"第六条：现场安全措施布置不到位、安全工器具不合格的不干。

《国家电网有限公司电力安全工器具管理规定》（国家电网企管〔2023〕55号）第三十五条：报废的安全工器具应及时清理，不得与合格的安全工器具存放在一起，严禁使用报废的安全工器具。

现场违章 6：在带电设备附近作业前未计算校核安全距离，作业安全距离不够且未采取有效措施，严重违章。

违反条例

《国网基建部关于印发输变电工程建设施工安全强制措施》（基建安质〔2021〕40 号）对"三算"的要求：临近带电体作业安全距离必须经过计算校核。

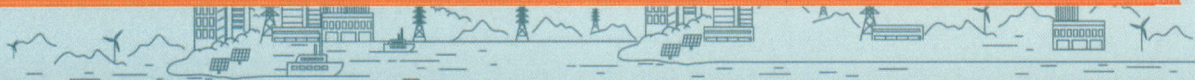

现场违章 7：起吊或牵引过程中，受力钢丝绳周围、上下方、内角侧和起吊物下面，有人逗留或通过，严重违章。

违反条例

《国家电网有限公司电力建设安全工作规程（第 2 部分：线路）》（Q/GDW 11957.2–2020）第 8.1.1.6 条：在起吊、牵引过程中，受力钢丝绳的周围、上下方、转向滑车内角侧、吊臂和起吊物的下面，不得有人逗留和通过。

现场违章 8：链条葫芦、手扳葫芦、吊钩式滑车等装置的吊钩和起重作业使用的吊钩无防止脱钩的保险装置，严重违章。

违反条例

《国家电网公司电力安全工作规程（线路部分）》（Q/GDW 1799.2–2013）第 9.3.7 条：使用吊车立、撤杆时，钢丝绳套应挂在电杆的适当位置以防止电杆突然倾倒。吊重和吊车位置应选择恰当，吊钩口应封好，并应有防止吊车下沉、倾斜的措施。起、落时应注意周围环境。撤杆时，应先检查有无卡盘或障碍物并试拔。

第 14.2.14.2 条：滑车不准拴挂在不牢固的结构物上。线路作业中使用的滑车应有防止脱钩的保险装置，否则应采取封口措施。使用开门滑车时，应将开门勾环扣紧，以防止绳索自动跑出。

现场违章 9：作业人员进入作业现场未正确佩戴安全帽，未穿全棉长袖工作服、绝缘鞋，一般违章。

违反条例

《国家电网公司电力安全工作规程（线路部分）》（Q/GDW 1799.2-2013）第 4.3.4 条：进入作业现场应正确佩戴安全帽，现场作业人员应穿全棉长袖工作服、绝缘鞋。

现场违章 10：安全带低挂高用，一般违章。

违反条例

《国家电网公司电力安全工作规程（线路部分）》（Q/GDW 1799.2–2013）第 10.9 条：安全带的挂钩或绳子应挂在结实牢固的构件或专为挂安全带用的钢丝绳上，并应采用高挂低用的方式。禁止系挂在移动或不牢固的物件上，如隔离开关（刀闸）支持绝缘子、瓷横担、未经固定的转动横担、线路支柱绝缘子、避雷器支柱绝缘子等。

现场违章 11：在杆塔上作业，需要携带工具时未使用工具袋，较大的工具未固定在牢固的构件上，一般违章。

违反条例

《国家电网公司电力安全工作规程（线路部分）》（Q/GDW 1799.2–2013）第 9.2.5 条：在杆塔上作业应使用工具袋，较大的工具应固定在牢固的构件上，不准随便乱放。上下传递物件应用绳索拴牢传递，禁止上下抛掷。在杆塔上作业，工作点下方应按坠落半径设围栏或其他保护措施。杆塔上下无法避免垂直交叉作业时，应做好防落物伤人的措施，作业时要相互照应，密切配合。

现场违章 12：起吊物件，在物体棱角处、光滑部位与绳索（吊带）接触处未加以包垫，一般违章。

违反条例

《国家电网公司电力安全工作规程（线路部分）》（Q/GDW 1799.2-2013）第 11.1.7 条：起吊物件应绑扎牢固，若物件有棱角或特别光滑的部分，在棱角和滑面与绳索（吊带）接触处应加以包垫。起重吊钩应挂在物件的重心线上。起吊电杆等长物件应选择合理的吊点，并采取防止突然倾倒的措施。

第三章　案例警示

案例经过

自备设备反送电
作业人员惨触电

1 某日，某作业班组开展 10 kV 背西线 239# 塔抢修工作。

2 在确认 209# 塔分段开关、隔离刀闸断开后，作业人员开始拆除238# 至 240# 塔间的受损线路，并使用裸导线塔直接连接。

3 由于 240# 塔 B 相引流线距离脚钉过近，不满足送电要求，工作负责人便安排次某上塔处理。

4 次某在塔上处理隐患过程中，用户使用的低压自备发电机通过配变向线路反送电，造成次某触电。

案例经过

1

某天，在一次 110 kV 某Ⅰ线某支线停电检修作业中，由于作业内容比较简单，监护人、工作人员都未认真核对线路名称、杆牌。

2

班组成员王某误登平行带电的 110 kV 某线路 #35 杆。

3

工作时，王某触电，并且起弧着火。

4

安全带烧断，王某从约 23 m 高处坠落，当场死亡。

停电检修莫慌张
误登杆塔惹祸端

盲目操作埋隐患
抱杆倾倒风险大

案例经过

1 某日，某项目部班长梁某在未和施工项目部办理进场手续且桩位塔材未到的情况下，擅自组织班组成员进场施工，组立抱杆。

2 在施工项目部队长电话询问分包队伍现场负责人塔材运输情况时，仍未告知现场有抱杆组立工作。

3 现场共有3人在换杆上作业，其余人员在地面配合，采用明令禁止的"正装法"，从抱杆顶部加高抱杆。

4 由于违规作业，造成抱杆倾倒，3名在抱杆上作业的劳务分包人员坠落，其中2人当场死亡，另1人送至医院，经抢救无效死亡。

案例经过

1 某日，某工程新建 220 kV 线路 34 km，共组立杆塔 95 基，正在进行基础开挖、浇筑和杆塔组立工作。

2 完成全部塔材组装和曲臂以下部分螺栓紧固工作，组装好的铁塔平放在地面，并用沙袋支垫。

3 施工班组人员海某在进行横担和上曲臂连板螺栓紧固过程中，将头颈部置于横担与地面之间，因支撑铁塔的沙袋破裂、下沉，铁塔整体发生滑移，导致海某颈部受压出血。

4 现场施工人员立即开挖海某身下的沙土予以施救，并采取止血包扎措施。海某送至医院后，因抢救无效死亡。

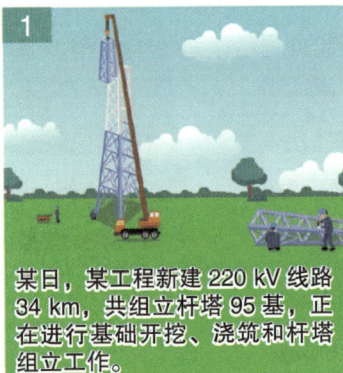

支撑措施不可靠
铁塔组装险中摇

地脚螺栓若错位
人员跌落风险至

案例经过

1　某日，王某带着24名工人计划进行8#至15#光缆架设和9#至15#耐张段架线作业。

2　王某组织召开班前会，安全交底后开展作业，完成跨越封网并开始放线。

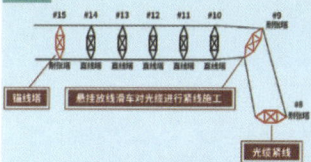

3　在8#塔进行光缆紧线，15#塔为锚线塔，在9#塔左侧地线支架悬挂放线滑车对光缆进行紧线施工，其他作业未进行。

4　准备划印安装耐张金具时，9#塔整体向转角内侧坍塌，造成正在铁塔上进行紧线施工的4人随塔坠落，当场死亡。

案例经过

1 某日，某停电检修现场，4名作业人员按照工作计划开始登塔作业。

2 因铁塔固定式防坠落轨道装置变形无法上行，临时采取安全绳挂环交替挂脚钉的方式上塔。

3 11时许，郑某安装完下相监测装置，攀爬软梯返回，因体力不支，在同事协助下返回下横担。

4 15时30分左右，郑某在从下横担处下塔的过程中坠落，因抢救无效死亡。

个人防护有疏漏
高空作业惹祸端

有限空间作业险
通风检测不可缺

案例经过

1 某日，某输电运维单位对某线路电缆隧道进行巡检作业，发现电缆隧道内的在线监测装置损坏。

2 在未通风和检测的情况下，2名作业人员冒险进入隧道对在线监测装置进行检修，并长时间未出隧道。

3 随后又有3人进入隧道查看情况，盲目施救。

4 进入电缆隧道内的5人窒息死亡。

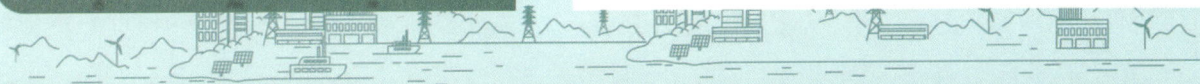

案例经过

1 某日上午，某施工班组使用绞磨让 4# 至 7# 段的旧导地线松弛落地，在地面分段剪断并盘好。

2 下午，开始回收导地线。由于旧导线搭在跨越架及在运 10 kV 某线绝缘导线上，因此从跨越架小号侧拉拽旧导线回收。

3 在拉拽的过程中，因旧导线摩擦 10 kV 某线导线，磨破绝缘层后放电。

4 3 人触电身亡。

作业方案两张皮
触电事故找上门

案例经过

安全距离失分寸
感应触电险象生

1 某日，因 35 kV 岭大三线 #34 至 #35 线路下方树木距离线路较近，某供电公司安排对超高树木进行修剪。

2 作业人员到达现场后，未对现场树线距离进行核对便搭设人字梯开展修剪作业。

3 线路下方树木距离线路较近，在修剪树木的过程中，张某手持的长锯因线路安全距离不足发生感应触电。

4 张某触电身亡。

案例经过

1

某日，1名人员在高空配合开展极Ⅱ小号侧耐张线夹 X 光无损探伤检测。在完成检测任务后，自耐张线夹位置沿耐张绝缘子串向横担方向移动。

2

在移动过程中，采取用保护绳兜住耐张绝缘子串的方式进行安全保护。

3

移动至耐张绝缘子串和横担之间的金具上时，在未将安全带固定在横担上的情况下，将兜住耐张绝缘子串的保护绳解开，继续向横担移动。

4

在移动过程中发生高坠，导致该名劳务人员死亡。

高空防护若疏忽
不慎坠落隐患出

组合间隙不合规
导线放电隐患随

案例经过

1 班前会

某日，某送电工区带电班开展带电处理 330 kV 凉金 1 回线路 #180 塔中相小号侧导线防震锤掉落缺陷工作。

2

在绝缘绳及软梯挂好并检查牢固可靠后，身为工作负责人的李某开始攀爬软梯进行作业。

3 0.5米

当李某登至距梯头 0.5 m 左右处时，导线上的悬挂梯头通过人体所穿的屏蔽服对塔身放电。

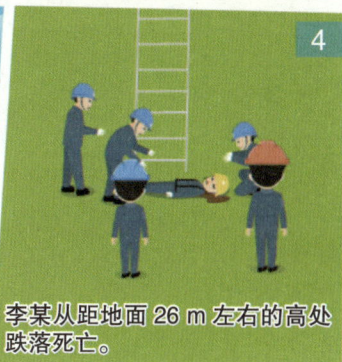

4

李某从距地面 26 m 左右的高处跌落死亡。

案例经过

1

某日，某送变电公司进行220 kV某线#36新建铁塔组立工作。

2

在完成第一段铁塔塔材组立吊装工作后，开始中间段铁塔塔材吊运工作。刘某和临时工侯某将主吊索绳两头固定在铁塔的吊耳上后，用吊钩吊运。

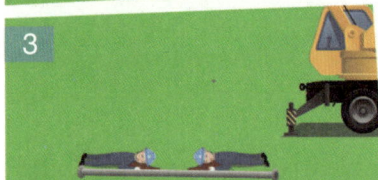

3

由于所吊重物在距离地面30 cm时未暂停进行检查，导致吊至约5 m高时，铁塔吊耳一侧钢丝绳滑脱，随之整段铁塔落下，砸中吊件下方的刘某和侯某。

4

现场立刻组织抢救，救护车送2人至医院，因抢救无效，刘某和侯某死亡。

使用吊绳不规范
钢索滑脱险相随

案例经过

1 某日，某输电运检室一行 6 人进行 220 kV 某线检查和接地电阻遥测工作。

2 当工作负责人余某和工作班组成员赵某对 40 号塔开展登杆巡查时，赵某有明显不适，但仍坚持作业。

3 赵某检查完毕后沿塔脚钉下塔，在下至铁塔 20 m 位置处突然坠落，头部着地，当场死亡。

4 调查发现，赵某左心室部分血管堵塞，患有高血压。

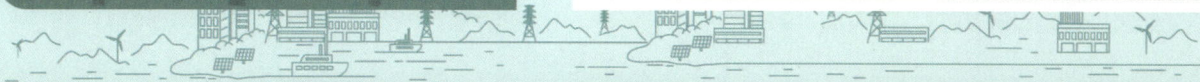

身体状况未检查
工作疏忽酿大祸

案例经过

1

某日，某供电局线路检修班进行瓷瓶清扫、紧固导线螺栓工作。在孙鸡东线 #1、#15 塔分别挂好接地线后，开展上塔作业。

2

熊某　负责人

在上塔前，工作负责人王某再次对作业人员熊某作了西线带电、东线检修的工作交代，并监护熊某上塔作业。

3

在熊某工作完毕下塔时，王某没有对熊某进行监护。

4

当王某听到放电声时，抬头看见熊某身上已经着火，最终熊某因抢救无效死亡。

人员监护有疏忽
事故极易频频出

案例经过

安全措施不到位
擅自开工隐患随

某日，某供电公司 110 kV 备用线进行拆除工作，线路工区工作负责人在未填写工作票、未向调度申请、未采取安全措施的情况下，带领几名线路工作人员到现场工作。

趁该备用线配合某交叉跨越线路停电检修之机，拆除该备用线 4 号杆之后的线段，随后线路恢复送电。

一班班长带领人员到备用线 1 号杆拆旧线时，二班人员尚未完成停电操作。

二班一名工作人员先行到达备用线 1 号杆，在没有监护人、验电、装设接地线以及做好相应安全措施的情况下，独自登杆作业，不慎触及带电导线，触电身亡。

案例经过

1

某日，某供电局输电维护管理所四班派李某、张某配合梁某对 110 kV 沙石线 #25 至 #26 通道内危及线路安全运行的树木进行修剪。

2

3 人到达工作现场开始工作，梁某在没有佩戴安全带的情况下上树进行修枝。

3

梁某试图将树枝扯落，不慎失去重心，脚朝下从树干上坠落。

4

坠落时身体碰到树枝，姿势被改变为头朝下，同时安全帽被甩掉。梁某后脑着地坠落于地面，因伤势过重，抢救无效死亡。

高处失足坠落时
悲剧降临悔莫及

登塔未携工具袋
高空坠物风险生

1 某日，某电力建设工程公司作业班长李某带领4名人员到22号杆塔进行杆塔附件安装、螺栓紧固工作。

2 作业人员上塔时未使用工具包，将工具简单地使用锁扣挂在安全带上。

3 在检修作业过程中，作业人员秦某在水平移动时，图方便将扳手别在安全带腰上，导致扳手不慎掉落。秦某距离地面23 m。

4 下方监护人员听到塔上人员警告但未能及时躲避，扳手砸到其右肩，导致骨折。

案例经过

1 某日，某供电公司输电运检中心在 110 kV 某线检修工作中计划使用绝缘滑车起吊材料进行塔上安装作业。

2 登杆工作人员将绝缘滑车携带至塔上后直接挂接在地线上，并未检查滑车闭锁状态。

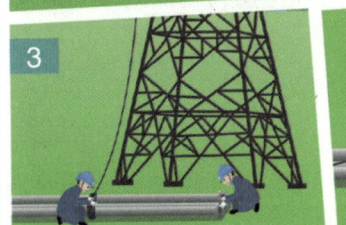

3 检修工作开始后，地勤人员使用绳索将材料绑扎牢固后起吊。

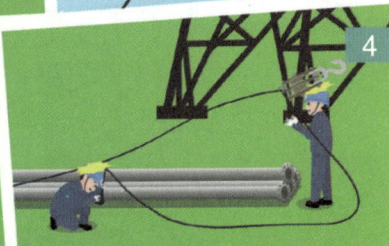

4 因挂钩未闭锁，滑车突然增加受力，从地线上滑出，滑车连同绳索直接掉落至地面，造成地勤人员被绳索击伤及滑车破损。

绝缘滑车未锁牢
滑脱坠落灾祸招

拉线擅自被调整
电杆倒塌顷刻间

案例经过

1 某日上午，某工程分包单位作业班长李某带领 14 名人员到 22 号杆塔作业现场进行立杆作业。

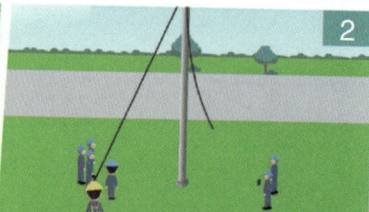

2 拉第二根电杆的第二根永久拉线时发现不够长，李某便安排拿 50 的临时拉线暂时代替 100 的永久拉线，计划立好杆后下午更换。

3 全部拉线拉好并回填桩基后，4 名作业人员上电杆安装横担。杆上施工人员凌某为尽快安装好横担吊杆，指挥龙某调整拉线，以调整两根电杆的相对位置，方便横担吊杆安装。

4 安装过程中，电杆突然整体倾倒，吴某等 3 人坠地死亡，另 1 人受重伤经抢救无效死亡。

案例经过

1　某日，一辆汽车起重机进入某风电 110 kV 送出工程 30# 铁塔施工现场。

2　7 名高空作业人员上到铁塔上半部分与下半部分连接处做好安全防护措施后开始作业。

3　进行铁塔上下段对接时，汽车起重机大臂第四节吊臂突然折弯，铁塔向东北倾倒。

4　造成东北角铁塔上高空作业人员一死三伤。

超载作业隐患藏
臂架难承事故生